天眼科普

飞飞黔游记之中国天眼

# 嘘！一起来看星星吧

孟豫筑　丛书主编
徐本文　著
徐小雯　张馨月　绘

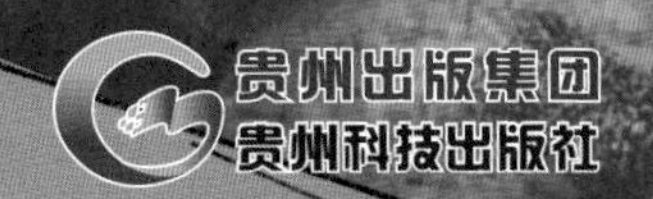

图书在版编目(CIP)数据

嘘！一起来看星星吧 / 徐本文著 ; 徐小雯, 张馨月绘. — 贵阳 : 贵州科技出版社, 2022.8
(氹氹黔游记之中国天眼 / 孟豫筑主编)
ISBN 978-7-5532-1089-6

Ⅰ. ①嘘… Ⅱ. ①徐… ②徐… ③张… Ⅲ. ①射电望远镜—中国—少儿读物 Ⅳ. ①TN16-49

中国版本图书馆CIP数据核字(2022)第121872号

**嘘！一起来看星星吧**
XU! YIQI LAIKAN XINGXING BA

---

出版发行　贵州出版集团　贵州科技出版社
地　　址　贵阳市中天会展城会展东路A座(邮政编码: 550081)
网　　址　http://www. gzstph. com
出 版 人　朱文迅
经　　销　全国各地新华书店
印　　刷　深圳市新联美术印刷有限公司
版　　次　2022年8月第1版
印　　次　2022年8月第1次
字　　数　75千字
印　　张　3
开　　本　889 mm × 1194 mm　1/16
书　　号　ISBN 978-7-5532-1089-6
定　　价　38.00元

---

天猫旗舰店: http://gzkjcbs. tmall. com
京东专营店: http://mall. jd. com/index-10293347. html

# “天眼科普”书系专家委员会

顾　问：欧阳自远

主　任：李奇生

副主任：李雄耀　张　波　梁　楠

# “天眼科普”书系编辑委员会

# “天眼科普”书系出版说明

“天眼科普”书系的核心理念是“脚踏实地，仰望星空”。“脚踏实地”重点关注我们脚下这片土地，书写人类与其他生命的过去、现在和未来；“仰望星空”则关注浩瀚的宇宙，满足人们对神秘宇宙的好奇心与求知欲。本书系包括学术之光、经典之光、科技之光三个子板块，每个子板块又由相关性较强的丛书组成。

“天眼科普”是贵州出版集团、贵州科技出版社倾力打造的图书品牌，产品形态包括纸质图书、情景有声读物、文旅融合数字科普产品、线上天文科普知识服务等。

“天眼科普”书系编辑委员会

2022 年 7 月

嗨！大家好，我是氹（dàng）氹。我的名字是不是很好记呀？

我今年5岁了，长大了想当一名科学家，建设我们的祖国。

我有一位神奇的精灵姐姐——浩星姐姐，她懂得可多啦！

小朋友们，你们知道世界上最大的射电望远镜——“中国天眼”——在哪儿吗？它有多大？能看多远？

赶快跟着我和浩星姐姐去探寻“中国天眼”的秘密吧！

嗨！大家好，我是浩星，是小飞飞最好的朋友。

我是一个数据精灵，诞生于元宇宙。

我能链接到世界上所有的数据存储中心，能够查到人类历史上所有的知识，这个世界对我来说是没有秘密的哦！

小朋友们，下面我将带领你们和小飞飞开启探寻“中国天眼”的神秘旅途，快跟上吧！

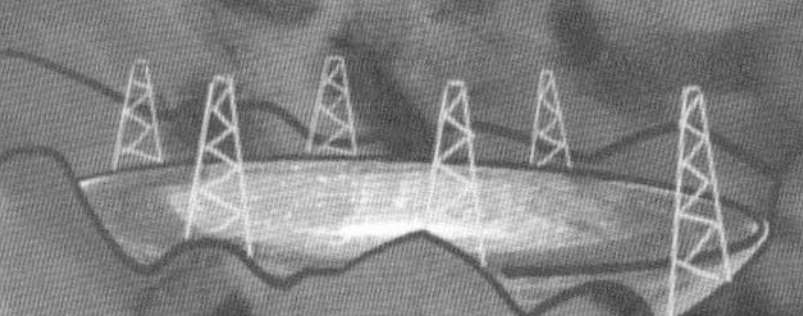

**浩星**：小飞飞，怎么不说话了？你走神啦！

**飞飞**：浩星姐姐，科学家说，参观"中国天眼"时不能使用手机。我在想，是不是怕外星人偷听我们打电话呢？

**浩星**：哈哈，小飞飞，你的想法好可爱哦。外星人也用手机吗？

**飞飞**：不知道，科学家没说。

**浩星**：小飞飞，科学家不让参观"中国天眼"时使用手机，是怕使用手机干扰"中国天眼"工作。

**飞飞**：哦，哦……快给我讲讲，为什么？

**浩星**：使用手机时会产生电磁干扰。

**飞飞**：原来是这样啊。

“中国天眼”是射电望远镜，接收的是宇宙中无线电波段的电磁信号。“大锅”的反射面将天体的电磁信号反射到位于焦点的接收机中，然后利用专门的电缆将信号传入控制室，经过专门的软件处理后，变成科学家能够看得懂的数据。

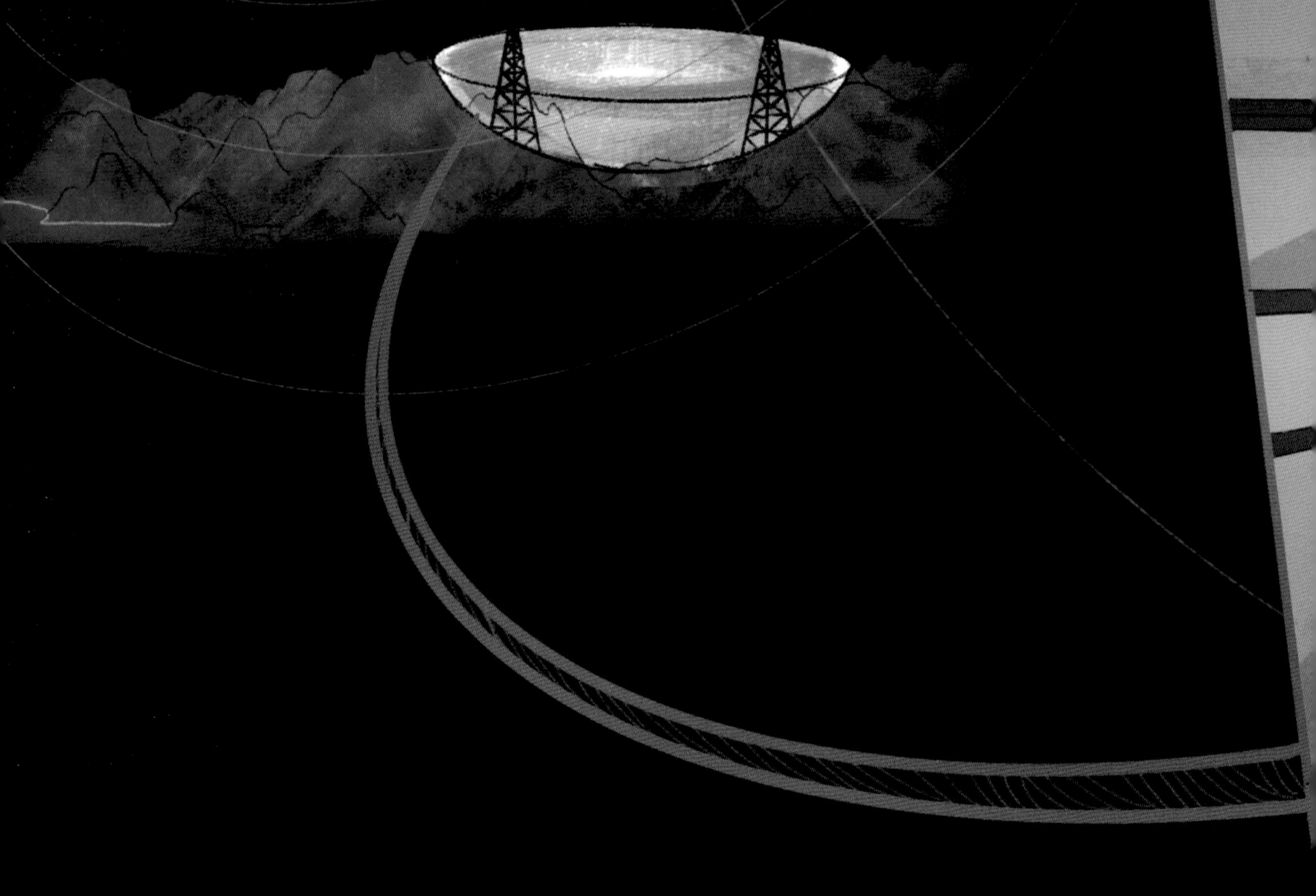

事实上，宇宙中天体发出的电磁信号十分微弱，接收它们并不是那么容易的事，所以，“中国天眼”需要在一个没有干扰的环境中开展工作。这些干扰包括人为因素、气象变化等。其中，“中国天眼”最怕的就是电磁干扰。电磁干扰会直接影响“中国天眼”的准确识别度，使它无法准确识别天体发出的电磁信号。

科学家说，“中国天眼”的核心区不得有产生电磁辐射的电子产品，比如，手机、数码相机、平板电脑、智能穿戴设备、对讲机、无人机等。

当然，如果想走近看“中国天眼”的话，车钥匙、打火机、火柴、刀具等也都是不能带的哦。

**飞飞：**姐姐，我知道啦，这些都是为了保证“中国天眼”正常工作！

**浩星：**你真聪明！

**飞飞**：浩星姐姐，那我们能不能走近了看“中国天眼”呢？

**浩星**：可以的，但要遵守规定。

**飞飞**：姐姐你看，刚才提到的禁止携带的物品我全部都放下了，这样可以了吗？

**浩星**：当然可以了，你真棒！

**飞飞**：我是一个遵守纪律的好孩子嘛。

**浩星**：小飞飞是个好孩子。我们走吧！

**飞飞**：但是……

**浩星**：嗯？怎么啦？你又走神啦！

**飞飞**：我们不带手机、数码相机，一会儿怎么和“中国天眼”合影呢？我可想记录下这有意义的一刻了。

**浩星**：游客中心早为你想好了的。走吧！

**飞飞**：姐姐，等等我。

“中国天眼”观景台所处的核心区范围内，严禁携带和使用任何可能发射电磁波的电子设备。所有进入观景台的游客，都要提前寄存手机、数码相机等电子设备，经过探测门和严格的人工检测两道安检关卡，才允许进入。如果不按要求执行，游客们是不能进入的哦。

通过安检后，游客乘坐观光车，约半个小时就可以到达观景台了。因为汽车火花塞也会产生电磁波，所以“中国天眼”景区的观光车都进行了特殊处理，当然其他设备也都是经过专业机构检测后才允许使用的。

飞飞：浩星姐姐，从观景台这儿看，“中国天眼”好壮观啊！可惜……

浩星：怎么了，你又在想什么呢？

飞飞：我好想拍张照片回去给朋友们炫耀一下啊！

浩星：早就给你想好办法啦！你看，那是什么？

飞飞：“游客拍照服务处”！

为了解决游客不能自主照相的困扰，景区想出了一个办法——设立游客拍照服务处，由工作人员采用特殊相机为游客拍照留念。当然，这里使用的相机是全手动胶卷相机，不会产生电磁波。游客也可以根据工作人员引导，自选地点和角度，采用虚拟技术合成照片。

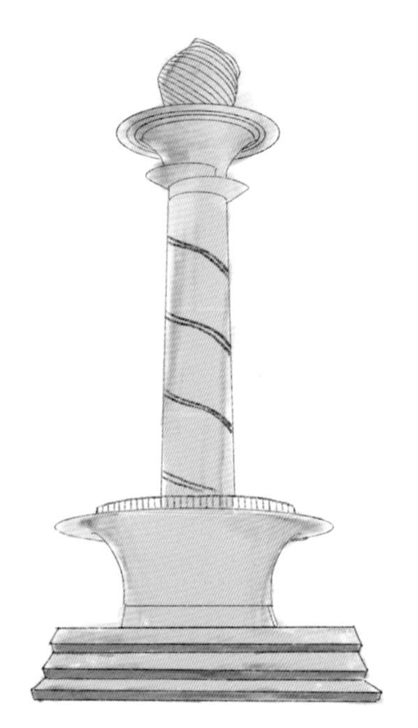

我们不仅可以近距离观看“中国天眼”，还可以游览天文科学文化园，这里包含天文时空塔、天幕商业街、天文体验馆、球幕影院、天文科普带等景点，并且已做好充分准备，接待来自全球的天文和科技旅游爱好者。

将来，还要围绕科普旅游的需求，建设更多体验性强的项目，比如利用增强现实（AR）技术，让游客体验操控射电望远镜工作的乐趣。总之，要通过“硬防护措施”避免一切对“中国天眼”的干扰，同时探索“软防护措施”来满足游客的科普旅游需求。

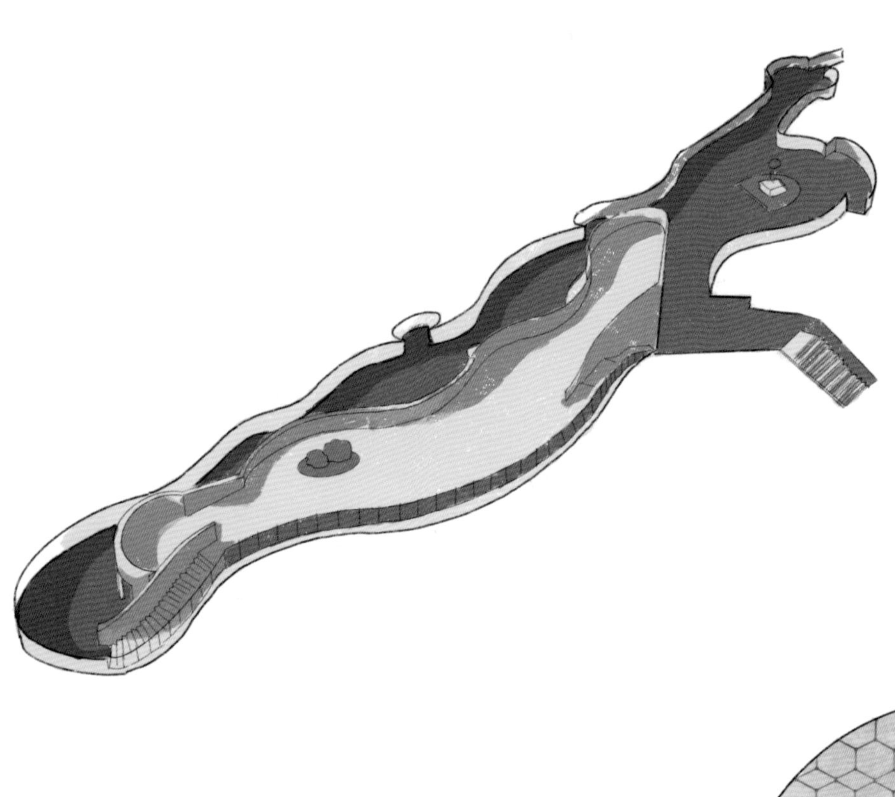

**飞飞**：“中国天眼”景区太漂亮了。嗯……

**浩星**：你又走神啦。

**飞飞**：我在想，这么多的游客来看“中国天眼”，我们有没有什么办法保护它呢？

**浩星**：有啊，我们给“中国天眼”贴了一张“膜”。

**飞飞**：贴膜？像给手机屏幕贴张保护膜一样？

**浩星**：哈哈……小**飞飞**，你的想法好可爱哦。不是像手机屏幕保护膜一样的膜，是另外一种很特别的“膜”。

**飞飞**：**浩星**姐姐，你懂得可真多！快给我讲一讲，是什么样的膜。

**浩星**：是《贵州省500米口径球面射电望远镜电磁波宁静区保护办法》。

贵州省500米口径球面射电望远镜
电磁波宁静区保护办法

贵州省人民政府

射电望远镜
护办法

贵州省人民政府

贵州省500米口径球面射电望远镜电磁波宁静区保护办法

2019年1月，贵州省发布了新修订的《贵州省500米口径球面射电望远镜电磁波宁静区保护办法》，于4月1日正式实施。这个办法共31条，其中包括立法目的和依据、保护区域划定、适用范围、部门间沟通协调机制、无线电波监测管控、游客管理、法律责任等内容。这个保护办法就如一张无形的“膜”，保护着“中国天眼”的安全。

要特别注意，擅自携带电子产品进入核心区，擅自建设运行辐射电磁波设施的，将会受到处罚哦！

为确保“中国天眼”的工作正常开展，以“中国天眼”台址为圆心，分为核心区（半径5千米）、中间区（5～10千米环带）、边远区（10～30千米环带），根据不同的区域进行梯度管理，全面做好保护。

在“核心区”开展旅游、参观、考察和科普等时，禁止擅自携带无线电发射设备、能产生电磁辐射的电子产品。

在“中间区”禁止设置、使用工作频率在 68 ~ 3000 兆赫兹且有效辐射功率在 100 瓦以上的无线电台（站）。

在“边远区”设置、使用工作频率在68～3000兆赫兹且有效辐射功率在100瓦以上的无线电台（站），或建设、运行辐射无线电波的设施时，应当进行电磁兼容分析和论证，对“中国天眼”正常运行产生影响的，不得设置、使用或者建设、运行。

小朋友来参观“中国天眼”时，一定要充分了解保护办法，需要执行的规定要好好执行；禁止发生的行为要坚决禁止，做一个守规矩的小朋友。

进入“中国天眼”电磁波宁静区，一定要认真听景区工作人员的讲解，自觉接受安全检查，听从指挥，文明旅游、安全旅游。

游览“中国天眼”后，你还可以把了解到的知识讲给其他小朋友听哦。

**飞飞**：**浩星**姐姐，大人们真了不起，为了保护“中国天眼”，真是想尽了办法。

**浩星**：对呀！我们要好好地保护“中国天眼”，让它更好地工作。

**飞飞**：……

**浩星**：小飞飞，你又在想什么呢？

**飞飞**：我在想，“中国天眼”工作得很辛苦，那它要不要洗澡呢？

**浩星**：这是个可爱的想法。你想知道答案吗？

**飞飞**：想知道，快给我讲一讲。

小朋友们，要想知道“中国天眼”的更多知识，请阅读其他分册！